房屋市政工程生产安全重大事故隐患判定标准（2024版）宣传画册

住房城乡建设部工程质量安全监管司 主编

中国建筑工业出版社

图书在版编目（CIP）数据

房屋市政工程生产安全重大事故隐患判定标准（2024版）宣传画册/住房城乡建设部工程质量安全监管司主编．－－北京：中国建筑工业出版社，2025．1．（2025.6重印）－－ISBN 978-7-112-30852-1

Ⅰ．TU990.05

中国国家版本馆CIP数据核字第2025Z0D564号

责任编辑：张 磊 高 悦
责任校对：李美娜

房屋市政工程生产安全重大事故隐患判定标准（2024版）宣传画册
住房城乡建设部工程质量安全监管司 主编

*

中国建筑工业出版社出版、发行（北京海淀三里河路9号）
各地新华书店、建筑书店经销
北京光大印艺文化发展有限公司制版
建工社（河北）印刷有限公司印刷

*

开本：850毫米×1168毫米 横1/32 印张：2¾ 字数：62千字
2025年1月第一版 2025年6月第五次印刷
定价：**30.00**元
ISBN 978-7-112-30852-1
（44190）

版权所有 翻印必究
如有内容及印装质量问题，请与本社读者服务中心联系
电话：（010）58337283 QQ：2885381756
（地址：北京海淀三里河路9号中国建筑工业出版社604室 邮政编码：100037）

本书编委会

主编单位： 住房城乡建设部工程质量安全监管司

参编单位： 天津市住房和城乡建设委员会

天津市建设工程安全质量监督总站

中国电建市政建设集团有限公司

参编人员： 韩 煜　王 荃　袁德隆　李 鎏　王宁坤　王 永　朱玉军　赵 磊

王绍军　李启士　周大伟　路 芳　岳 蕾　陈非龙　高学春　程显东

邸金烁　姚 鹏　段泽强　詹安东　黄晓勇　赵高峰　刘 扬　吴 波

王新亮　黄天诚　王智中　王 斌

目 录

房屋市政工程生产安全重大事故隐患判定标准（2024 版）

一、施工安全管理　　　　　　　　　　　　　　　　1

二、基坑、边坡工程　　　　　　　　　　　　　　　7

三、模板工程及支撑体系　　　　　　　　　　　　　15

四、脚手架工程　　　　　　　　　　　　　　　　　21

五、建筑起重机械及吊装工程　　　　　　　　　　　25

六、高处作业　　　　　　　　　　　　　　　　　　35

七、施工临时用电　　　　　　　　　　　　　　　　41

八、有限空间作业 45

九、拆除工程 51

十、隧道工程 55

十一、施工临时堆载 63

十二、冒险作业 67

十三、施工工艺、设备和材料 71

十四、其他 73

房屋市政工程生产安全重大事故隐患判定标准 (2024 版)

第一条 为准确认定、及时消除房屋建筑和市政基础设施工程(以下简称房屋市政工程)生产安全重大事故隐患,有效防范和遏制群死群伤事故发生,根据《中华人民共和国建筑法》《中华人民共和国安全生产法》《建设工程安全生产管理条例》等法律和行政法规,制定本标准。

第二条 本标准所称重大事故隐患,是指在房屋市政工程施工过程中,存在的危害程度较大、可能导致群死群伤或造成重大经济损失的生产安全事故隐患。

第三条 本标准适用于判定新建、扩建、改建、拆除房屋市政工程的生产安全重大事故隐患。

县级及以上人民政府住房和城乡建设主管部门和施工安全监督机构在监督检查过程中可依照本标准判定房屋市政工程生产安全重大事故隐患。

第四条 施工安全管理有下列情形之一的,应判定为重大事故隐患:

（一）建筑施工企业未取得安全生产许可证擅自从事建筑施工活动或超（无）资质承揽工程；

（二）建筑施工企业未按照规定要求足额配备安全生产管理人员，或其主要负责人、项目负责人、专职安全生产管理人员未取得有效安全生产考核合格证书从事相关工作；

（三）建筑施工特种作业人员未取得有效特种作业人员操作资格证书上岗作业；

（四）危险性较大的分部分项工程未编制、未审核专项施工方案，或专项施工方案存在严重缺陷的，或未按规定组织专家对"超过一定规模的危险性较大的分部分项工程范围"的专项施工方案进行论证；

（五）对于按照规定需要验收的危险性较大的分部分项工程，未经验收合格即进入下一道工序或投入使用。

第五条 基坑、边坡工程有下列情形之一的，应判定为重大事故隐患：

（一）未对因基坑、边坡工程施工可能造成损害的毗邻建筑物、构筑物和地下管线等，采取专项防护措施；

（二）基坑、边坡土方超挖且未采取有效措施；

（三）深基坑、高边坡（一级、二级）施工未进行第三方监测；

（四）有下列基坑、边坡坍塌风险预兆之一，且未及时处理：

1. 支护结构或周边建筑物变形值超过设计变形控制值；

2. 基坑侧壁出现大量漏水、流土；

3. 基坑底部出现管涌或突涌；

4. 桩间土流失孔洞深度超过桩径。

第六条　模板工程及支撑体系有下列情形之一的，应判定为重大事故隐患：

（一）模板支架的基础承载力和变形不满足设计要求；

（二）模板支架承受的施工荷载超过设计值；

（三）模板支架拆除及滑模、爬模爬升时，混凝土强度未达到设计或规范要求；

（四）危险性较大的混凝土模板支撑工程未按专项施工方案要求的顺序或分层厚度浇筑混凝土。

第七条　脚手架工程有下列情形之一的，应判定为重大事故隐患：

（一）脚手架工程的基础承载力和变形不满足设计要求；

（二）未设置连墙件或连墙件整层缺失；

（三）附着式升降脚手架的防倾覆、防坠落或同步升降控制装置不符合设计要求、失效或缺失。

第八条　建筑起重机械及吊装工程有下列情形之一的，应判定为重大事故隐患：

（一）塔式起重机、施工升降机、物料提升机等起重机械设备未经验收合格即投入使用，或未按规定办理使用登记；

（二）建筑起重机械的基础承载力和变形不满足设计要求；

（三）建筑起重机械安装、拆卸、爬升（降）以及附着前未对结构件、爬升装置和附着装置以及高强度螺栓、销轴、定位板等连接件及安全装置进行检查；

（四）建筑起重机械的安全装置不齐全、失效或者被违规拆除、破坏；

（五）建筑起重机械主要受力构件有可见裂纹、严重锈蚀、塑性变形、开焊，或其连接螺栓、销轴缺失或失效；

（六）施工升降机附着间距和最高附着以上的最大悬高及垂直度不符合规范要求；

（七）塔式起重机独立起升高度、附着间距和最高附着以上的最大悬高及垂直度不符合规范要求；

（八）塔式起重机与周边建（构）筑物或群塔作业未保持安全距离；

（九）使用达到报废标准的建筑起重机械，或使用达到报废标准的吊索具进行起重吊装作业。

第九条 高处作业有下列情形之一的，应判定为重大事故隐患：

（一）钢结构、网架安装用支撑结构基础承载力和变形不满足设计要求，钢结构、网架安装用支撑结构超过设计承载力或未按设计要求设置防倾覆装置；

（二）单榀钢桁架（屋架）等预制构件安装时未采取防失稳措施；

（三）悬挑式卸料平台的搁置点、拉结点、支撑点未设置在稳定的主体结构上，且未做可靠连接；

（四）脚手架与结构外表面之间贯通未采取水平防护措施，或电梯井道内贯通未采取水平防护措施且电梯井口未设置防护门；

(五)高处作业吊篮超载使用,或安全锁失效、安全绳(用于挂设安全带)未独立悬挂。

第十条 施工临时用电有下列情形之一的,应判定为重大事故隐患:

(一)特殊作业环境(通风不畅、高温、有导电灰尘、相对湿度长期超过75%、泥泞、存在积水或其他导电液体等不利作业环境)照明未按规定使用安全电压;

(二)在建工程及脚手架、机械设备、场内机动车道与外电架空线路之间的安全距离不符合规范要求且未采取防护措施。

第十一条 有限空间作业有下列情形之一的,应判定为重大事故隐患:

(一)未辨识施工现场有限空间,且未在显著位置设置警示标志;

(二)有限空间作业未履行"作业审批制度",未对施工人员进行专项安全教育培训,未执行"先通风、再检测、后作业"原则;

(三)有限空间作业时现场无专人负责监护工作,或无专职安全生产管理人员现场监督;

(四)有限空间作业现场未配备必要的气体检测、机械通风、呼吸防护及应急救援设施设备。

第十二条 拆除工程有下列情形之一的,应判定为重大事故隐患:

(一)装饰装修工程拆除承重结构未经原设计单位或具有相应资质条件的设计单位进行结构复核;

(二)拆除施工作业顺序不符合规范和施工方案要求。

第十三条 隧道工程有下列情形之一的,应判定为重大事故隐患:

（一）作业面带水施工未采取相关措施，或地下水控制措施失效且继续施工；

（二）施工时出现涌水、涌沙、局部坍塌，支护结构扭曲变形或出现裂缝，未及时采取措施；

（三）未按规范或施工方案要求选择开挖、支护方法，或未按规定开展超前地质预报、监控量测，或监测数据超过设计控制值且未及时采取措施；

（四）盾构机始发、接收端头未按设计进行加固，或加固效果未达到要求且未采取措施即开始施工；

（五）盾构机盾尾密封失效、铰链部位发生渗漏仍继续掘进作业，或盾构机带压开仓检查换刀未按有关规定实施；

（六）未对因施工可能造成损害的毗邻建筑物、构筑物和地下管线等，采取专项防护措施；

（七）未经批准，在轨道交通工程安全保护区范围内进行新（改、扩）建建（构）筑物、敷设管线、架空、挖掘、爆破等作业。

第十四条　施工临时堆载有下列情形之一的，应判定为重大事故隐患：

（一）基坑周边堆载超过设计允许值；

（二）无支护基坑（槽）周边，在坑底边线周边与开挖深度相等范围内堆载；

（三）楼板、屋面和地下室顶板等结构构件或脚手架上堆载超过设计允许值。

第十五条　存在以下冒险作业情形之一的，应判定为重大事故隐患：

（一）使用混凝土泵车、打桩设备、汽车起重机、履带起重机等大型机械设备，未校核其运行路线及作业位置承载能力；

（二）在雷雨、大雪、浓雾或大风等恶劣天气条件下违规进行吊装作业、设备安装、拆卸和高处作业；

（三）施工现场使用塔式起重机、汽车起重机、履带起重机或轮胎起重机等非载人设备吊运人员。

第十六条 使用国家明令禁止和限制使用的危害程度较大、可能导致群死群伤或造成重大经济损失的施工工艺、设备和材料，应判定为重大事故隐患。

第十七条 其他严重违反房屋市政工程安全生产法律法规、部门规章及强制性标准，且存在危害程度较大、可能导致群死群伤或造成重大经济损失的现实危险，应判定为重大事故隐患。

第十八条 本标准自发布之日起执行。《房屋市政工程生产安全重大事故隐患判定标准(2022版)》(建质规〔2022〕2号)同时废止。

一、施工安全管理

房屋市政工程生产安全重大事故隐患判定标准（2024版）宣传画册

一、施工安全管理

房屋市政工程生产安全重大事故隐患判定标准（2024版）宣传画册

一、施工安全管理

二、基坑、边坡工程

房屋市政工程生产安全重大事故隐患判定标准（2024版）宣传画册

二、基坑、边坡工程

二、基坑、边坡工程

房屋市政工程生产安全重大事故隐患判定标准（2024版）宣传画册

二、基坑、边坡工程

三、模板工程及支撑体系

三、模板工程及支撑体系

17

房屋市政工程生产安全重大事故隐患判定标准（2024版）宣传画册

三、模板工程及支撑体系

四、脚手架工程

四、脚手架工程

五、建筑起重机械及吊装工程

五、建筑起重机械及吊装工程

五、建筑起重机械及吊装工程

五、建筑起重机械及吊装工程

房屋市政工程生产安全重大事故隐患判定标准（2024版）宣传画册

五、建筑起重机械及吊装工程

六、高处作业

六、高处作业

房屋市政工程生产安全重大事故隐患判定标准（2024版）宣传画册

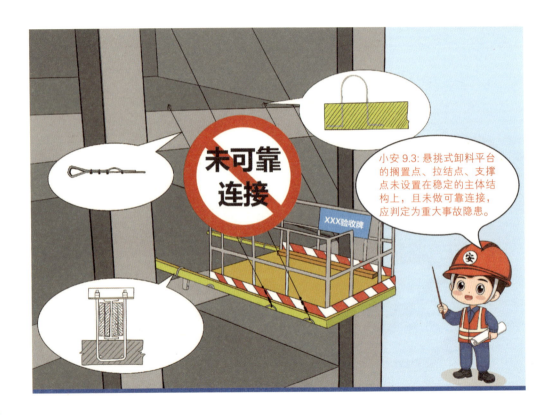

六、高处作业

七、施工临时用电

七、施工临时用电

八、有限空间作业

房屋市政工程生产安全重大事故隐患判定标准（2024版）宣传画册

八、有限空间作业

八、有限空间作业

49

九、拆除工程

九、拆除工程

十、隧道工程

房屋市政工程生产安全重大事故隐患判定标准（2024版）宣传画册

十、隧道工程

房屋市政工程生产安全重大事故隐患判定标准（2024版）宣传画册

十、隧道工程

房屋市政工程生产安全重大事故隐患判定标准（2024版）宣传画册

十一、施工临时堆载

房屋市政工程生产安全重大事故隐患判定标准（2024版）宣传画册

十一、施工临时堆载

十二、冒险作业

房屋市政工程生产安全重大事故隐患判定标准（2024版）宣传画册

十二、冒险作业

房屋市政工程生产安全重大事故隐患判定标准（2024版）宣传画册

十三、施工工艺、设备和材料

房屋市政工程生产安全重大事故隐患判定标准（2024版）宣传画册

十四、其他

房屋市政工程生产安全重大事故隐患判定标准（2024版）宣传画册

十四、其他